Yao Jeannot Kouakou
Mélanie Blanchard

Agro-ecologia ou agricultura biológica na África Subsariana

Yao Jeannot Kouakou
Mélanie Blanchard

Agro-ecologia ou agricultura biológica na África Subsariana

ScienciaScripts

Imprint

Any brand names and product names mentioned in this book are subject to trademark, brand or patent protection and are trademarks or registered trademarks of their respective holders. The use of brand names, product names, common names, trade names, product descriptions etc. even without a particular marking in this work is in no way to be construed to mean that such names may be regarded as unrestricted in respect of trademark and brand protection legislation and could thus be used by anyone.

Cover image: www.ingimage.com

This book is a translation from the original published under ISBN 978-613-8-42441-3.

Publisher:
Sciencia Scripts
is a trademark of
Dodo Books Indian Ocean Ltd. and OmniScriptum S.R.L publishing group

120 High Road, East Finchley, London, N2 9ED, United Kingdom
Str. Armeneasca 28/1, office 1, Chisinau MD-2012, Republic of Moldova, Europe
Printed at: see last page
ISBN: 978-620-7-30079-2

ÍNDICE DE CONTEÚDOS:

Resumo

A forma como a biomassa é gerida nas explorações mistas de culturas e animais é muito importante para a produção de uma quantidade suficiente de estrume orgânico. Na agricultura biológica, os produtores não têm outra alternativa senão produzir e aplicar estrume biológico para garantir a sustentabilidade e a produtividade dos seus sistemas agrícolas, uma vez que os fertilizantes minerais não são autorizados e não estão acessíveis outras soluções alternativas. Por conseguinte, levantamos a hipótese de que os agricultores biológicos têm práticas inovadoras de gestão da biomassa que podem servir de modelo para o desenvolvimento de uma agricultura sustentável. No sudoeste do Burkina Faso, identificámos as práticas de gestão da biomassa entre uma amostra de 30 chefes de explorações agrícolas que praticam a agricultura biológica, utilizando uma análise sistémica. Os inquéritos revelaram diferentes métodos de gestão da biomassa para diferentes tipos de produtores. Os agro-criadores e os criadores de gado, sendo os mais bem equipados em termos de material agrícola e de transporte, são os que mais optimizam a gestão da biomassa e os que têm melhores rendimentos de colheita. Os agricultores caracterizam-se pela modéstia das suas actividades, pela limitação do seu equipamento de transporte e pelos rendimentos mais baixos. No conjunto, todos eles se confrontam com problemas ligados à situação climática e com dificuldades de transporte de estrume orgânico devido à falta de equipamento de transporte.

Palavras-chave: gestão da biomassa / alimentos / agricultura mista / agricultura biológica, estrume biológico.

Introdução

A Revolução Verde aumentou substancialmente a produção agrícola e melhorou a segurança alimentar em todo o mundo (FAO 2014). Mas em muitos países, a agricultura intensiva baseada neste modelo de produção esgotou os recursos naturais, comprometendo a produtividade futura (Blanchard *et al.*, 2006). Trata-se de um modelo de produção que depende fortemente de factores de produção: água, terra, energia, fertilizantes, insecticidas e herbicidas, e tecnologias. Para fazer face a estes constrangimentos ambientais e satisfazer a procura crescente de produtos alimentares, a manutenção da fertilidade do solo continua a ser uma condição importante para melhorar a produtividade e a sustentabilidade da agricultura (Bationo *et al.*, 2007; Sedogo, 1981). Estudos realizados por (Blanchard *et al.*, 2016); (Vall *et al.*, 2016); (Griffon 2009) mostraram que a intensificação ecológica parece ser a mudança preferida e mais atractiva de adotar, tendo em conta as questões ambientais (riscos climáticos) e a sustentabilidade (fertilidade do solo). É neste contexto que a integração agricultura-pecuária assume a sua importância e é vista como uma oportunidade de participar nesta intensificação, e parece ser uma estratégia para melhorar o desempenho dos produtores. No entanto, é uma prática que exige um duplo investimento, nomeadamente na alimentação dos animais e na produção de estrume orgânico. No Burkina Faso ocidental, estão a surgir novos sistemas de produção em resposta a estes princípios e às oportunidades de mercado. Certas explorações agrícolas enveredam por estas duas vias de intensificação ecológica, a primeira das quais está ligada à conversão à agricultura biológica através da introdução e do desenvolvimento do algodão biológico na região, e a segunda às adaptações dos sistemas de produção nas explorações mais flexíveis, quando se deparam com limitações (infertilidade dos solos, falta de dinheiro, falta de mão de obra, etc.). Mas a desvantagem é que a gestão da biomassa nas explorações da região não é a melhor. Os agricultores da região caracterizam-se pelo que é conhecido como gestão atípica do estrume orgânico (Tingueri, 2015). A hipótese deste estudo é que as explorações mistas de agricultura e pecuária envolvidas em agro-ecologia ou agricultura biológica implementam práticas inovadoras de gestão da biomassa (resíduos de culturas, forragens, efluentes) que são eficientes em termos de produtividade e proteção ambiental. Estas práticas podem ser utilizadas para desenvolver uma agricultura produtiva e sustentável na região ocidental do Burkina Faso, como fonte de inovação para as explorações mistas de agricultura e pecuária não envolvidas em cadeias específicas de produtos de base.

Neste contexto, propusemo-nos o objetivo geral de identificar as práticas eficientes de gestão da biomassa nas explorações mistas de produção vegetal e animal em sistemas de agricultura agro-ecológica ou biológica. Concretamente, trata-se de analisar a origem da implementação destes sistemas de produção em agro-ecologia ou em agricultura biológica e de analisar as práticas de gestão da biomassa nas explorações mistas de produção vegetal e animal em agro-ecologia ou em agricultura biológica (gestão dos resíduos vegetais, das forragens, dos efluentes).

CAPÍTULO 1

I- Materiais e método

Este estudo foi efectuado no departamento de Dano, no sudoeste do Burkina Faso. Foi realizado em 6 aldeias (Figura 1), nomeadamente Tambipkéré (coordenadas), Dayéré , Tambiri, Yabogane, Complan e Balembar (3°6'5 "W; 3°0'30 "W; 2°54'55 "W; 2°49'20 "W) e (11°1'W "N; ll°6'30 "N; ll°12'0 "N e 11°17'30 "N).

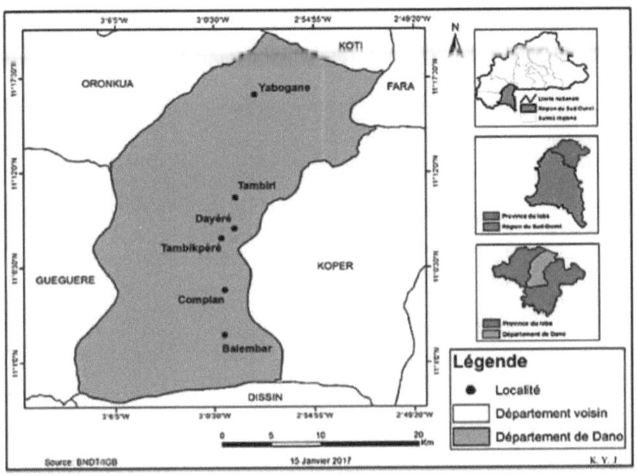

Figura 1: Localização das aldeias em estudo

Para determinar os diferentes tipos de explorações mistas de agricultura e pecuária envolvidas na agricultura biológica no sudoeste do Burkina Faso, foi adoptada uma abordagem qualitativa. Foram realizados inquéritos nestas zonas, onde foi aplicado um questionário a uma amostra de 30 gestores de explorações agrícolas. Os agricultores inquiridos eram os que se dedicavam à cultura do algodão biológico, que depende fortemente da produção de estrume biológico. As explorações agrícolas estavam divididas em três tipos de culturas mistas estabelecidas pelo esquema de investigação e ensino da parceria *"Intensificação Ecológica e Conceção de Inovações nos Sistemas Agro-Silvo-Pastoris da África Ocidental"* (DP ASAP) (agricultores, criadores e agro-criadores) para as zonas de cultivo de algodão da África Ocidental (Vall *et al.*, 2006, 2012).

I-1 Identificação dos tipos de explorações agro-pastoris que praticam a agricultura biológica

As análises efectuadas com o programa Excel permitiram distinguir os tipos de explorações agro-pastoris que praticam a agricultura biológica em função da sua estrutura. As variáveis seleccionadas para estas análises foram : a superfície total cultivada (STC), o número de animais (unidade de gado tropical ou UBT), o número de bois de tração (BdT), a percentagem de algodão, milho, sorgo e painço na rotação de culturas, o número de trabalhadores agrícolas, a distribuição dos campos e a distância dos campos às concessões, o equipamento agrícola (alfaias agrícolas e meios de transporte de tração animal ou motorizados), as famílias e os trabalhadores agrícolas, a produção média das explorações e os seus resultados económicos da atividade agrícola.

I-2 Estudo das práticas de gestão da biomassa

Para analisar as práticas de gestão da biomassa nas explorações mistas de produção vegetal e animal identificadas, utilizámos a abordagem de análise sistémica das explorações proposta por Jouve (1992). Esta abordagem permite examinar as práticas agrícolas implementadas pela exploração e o modo de funcionamento do sistema de produção. Caracterizámos a estrutura dos sistemas de produção (família, mão de obra, equipamentos, capital, parcelas de terra, composição do efetivo pecuário), estudámos o funcionamento dos sistemas de produção, o sistema de cultura com rotação de culturas, rotação de culturas, sucessão de culturas, itinerário técnico, fertilidade do solo e gestão dos resíduos das culturas, o sistema pecuário com reprodução e gestão dos animais, práticas sanitárias, gestão dos efluentes e alimentação dos animais).

II - Resultados e discussão

Resultados

Os resultados deste estudo incluem uma análise das origens da implementação destes sistemas de produção na agricultura biológica e uma análise das práticas de gestão da biomassa nas explorações mistas de agricultura e pecuária comprometidas com a agricultura biológica (gestão dos resíduos de culturas, forragens, efluentes).

1- Diversidade das explorações agro-pastoris envolvidas na agricultura biológica

Os primeiros e mais numerosos tipos de explorações praticam a agricultura. Distinguimos os agricultores de acordo com a dimensão da sua superfície cultivada (4,8 ha). Estes agricultores dispõem, pelo menos, de um equipamento limitado de tração animal e de um pequeno efetivo (bovinos, pequenos ruminantes, etc.). A dimensão média do efetivo é de 5,4 CN. Estes agricultores produzem principalmente algodão e cereais (painço, sorgo, milho, etc.) para venda e autoconsumo em superfícies limitadas (4,8 ha). Os criadores de gado possuem grandes efectivos de bovinos (gado de lavoura (3,2%); gado reprodutor (22,9%), pequenos ruminantes (41,8%), burros (2,2%), suínos (2,7%) e aves de capoeira (27,1%).

A unidade de gado tropical (TLU) média entre os criadores de gado é de 27. Os agricultores cultivam uma média de 6 ha de terras agrícolas. Tal como os agricultores, os criadores de gado têm áreas da mesma dimensão e produzem as mesmas culturas.

Estão bem equipados com tração animal e 50% são motorizados. Por fim, os agro-pastores destas zonas cultivam grandes superfícies de terra, com uma média de 7,6 ha. Cultivam algodão para comercialização e cereais para consumo próprio. Também possuem gado, com um efetivo pecuário tropical de 22,2. O gado inclui gado de lavoura (3,9%), gado reprodutor (16,9%), pequenos ruminantes (34,5%), burros (1,3%), porcos (5%) e aves de capoeira (38,4%) (Quadro 1).

Quadro 1: Principais tipos de explorações agrícolas

Variáveis	*Agricultores*	*Agricultores*	*Criadores*
Nb (indivíduos)	17	8	4
Idade (ano)	47,47	50,5	48
Superfície agrícola (ha)	4,8	7,6	6
Efectivos pecuários (cabeças normais)	5,4	22,2	27
Família e trabalhador	7,3	10,8	8,8

2- *As origens destes sistemas de produção*
a- História das explorações

As explorações dos agricultores, dos agro-criadores e dos criadores de gado caracterizam-se pela juventude da sua estrutura. Nomeadamente, 35% das explorações dos agro-criadores têm mais de 25 anos, enquanto as dos criadores e dos agricultores parecem ser mais antigas (25% das explorações dos criadores têm mais de 36 anos e 5% têm mais de 30 anos). No entanto, no conjunto, as explorações são marcadas pela sua idade jovem (2 a 25 anos) **(figura 2)**.

As razões pelas quais a amostra se instalou são a herança (após a morte do pai), a separação negociada e o casamento para alguns.

Neste caso (casamento), a mulher utiliza as terras do homem (o marido) para o seu assentamento.

No caso da herança, todos os bens são transmitidos na totalidade, enquanto que no caso da separação, os bens de produção (animais, terras, equipamentos, bens) são partilhados entre os membros da família.

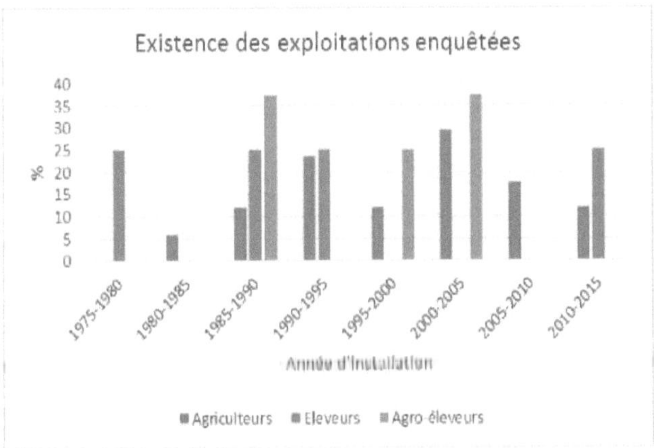

Figura 2: *Distribuição das datas de instalação nas explorações da amostra, por tipo de exploração*

b- Razões da agricultura biológica

Há uma série de razões pelas quais os agricultores do sudoeste do Burkina Faso tomaram consciência da necessidade de avançar para a intensificação ecológica. Os agricultores da região registaram um aumento da degradação dos solos e uma redução das terras aráveis.

As razões para a agricultura biológica são os efeitos nocivos dos produtos químicos no solo e no ambiente. A agricultura biológica, que não exige despesas suficientes (porque requer mais crédito para comprar factores de produção químicos), tem um efeito positivo a longo prazo no solo com fertilizantes biológicos (3 anos) em comparação com a agricultura convencional (1 ano). Alguns dos agricultores afirmaram que a agricultura biológica é mais rentável e mais económica.

Do ponto de vista da saúde, a utilização de herbicidas, insecticidas, etc. estava a causar problemas de saúde (infecções no corpo). Além disso, o facto de pertencerem a um movimento de agricultura biológica despertava-lhes o interesse pela sua produção. E 100% da amostra inquirida pertencia a um movimento de intensificação ecológica (Referência: base de dados Dano sobre a agricultura biológica).

c- *Vantagens e condicionalismos da agricultura biológica*

As vantagens da agricultura biológica destacadas pelos produtores da zona estão mais relacionadas com a produtividade do solo e a economia da sua produção. As vantagens citadas são os bons rendimentos das culturas e a fertilidade duradoura do solo (3 anos), com a desculpa de uma única pulverização durante este período (título declarativo). No plano económico, os produtores mostraram-se entusiasmados com o preço dos produtos biológicos. O algodão biológico custa 325 FCFA por quilograma, em comparação com 225 FCFA para o algodão convencional. Graças a isso, os agricultores afirmam poder fazer face às suas próprias despesas e às necessidades da família (escolaridade dos filhos, etc.). No entanto, apesar do sucesso da agricultura biológica, existem vários condicionalismos à produção. Os inconvenientes citados pelos produtores são as dificuldades de transporte do estrume biológico: a recolha e o transporte são os principais obstáculos à generalização da palha. Com efeito, não é fácil, e certamente não é rentável, transportar grandes quantidades a longa distância e rapidamente, pelo menos tal como são obtidas. A estagnação da água nos campos durante o inverno destrói uma parte das plantas, o longo período de seca atrasa o desenvolvimento das plantas, o que resulta em baixos rendimentos na colheita, a destruição das plantas pela fauna do solo (insectos, formigas, etc.).

3- *Composição e estrutura das explorações agrícolas que praticam a agricultura biológica*

a- *Zona agrícola*

Na maioria dos casos, as maiores áreas cultivadas são utilizadas para o cultivo de sorgo, algodão, milho e painço. Por outro lado, as áreas semeadas com arroz e feijão-frade são muito pequenas. Embora não sejam tão importantes, o amendoim e o sésamo não são negligenciados pelos tipos de explorações agrícolas (Figura 3).

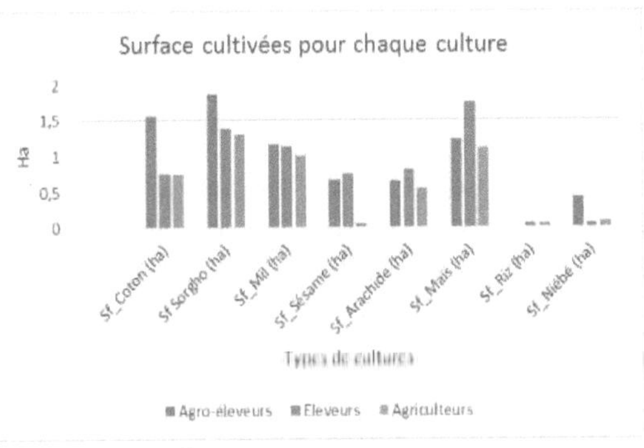

Figura 3: Área cultivada para cada cultura

Estas maiores áreas cultivadas pertencem a agro-pastoris e criadores de gado, especialmente para sorgo, algodão e milho (Quadro 2). A razão é que eles estão mais bem equipados com tração animal e maquinaria agrícola (**Quadro 2**), o que lhes facilita a extensão das suas terras agrícolas. Os agricultores menos intensivos cultivam, em geral, superfícies médias para a sua produção porque dispõem de menos meios de produção. No entanto, dada a dificuldade de acesso aos títulos de propriedade, as estratégias de extensão parecem difíceis de manter para a geração seguinte. É também de notar que todos os produtores da amostra que encontrámos possuem rebanhos de animais, embora estes sejam mais reduzidos entre os agricultores.

Quadro 2: Terras agrícolas

Variável	Área total cultivada (ha)	Distribuição dos campos	Distância dos campos (km)
Agricultores	4,8 ± 1,8	Algodão, cereais	0.5 à 1.53 ± 1.43
Agricultores	7,6 ± 3,5	Algodão, cereais	0.75 à 1.63 ± 0,97

Criadores	6 ± 1,8	Algodão, cereais	0.01 à 1.67 ± 0.53

Verificou-se que as culturas semeadas em grandes superfícies estão mais afastadas das concessões do que as pequenas superfícies. Os criadores de gado, que são os mais dominantes, têm explorações mais afastadas, com uma distância média de 0,75 a 1,63 km, em comparação com os criadores e agricultores cujas explorações estão mais próximas das concessões, com distâncias médias de 0,01 a 1,67 km e 0,5 a 1,53 km, respetivamente.

A maioria das explorações tem equipamento agrícola, embora nem todas as explorações tenham o mesmo nível de equipamento (Quadro 3) e nenhuma das explorações inquiridas tenha um semeador. No que diz respeito ao equipamento agrícola, os agro-pastoris e os criadores de gado são os que possuem mais equipamento, como as charruas (1,4); (1,8), os sachadores (1); (1) os sulcadores (1,3); (1) e o equipamento de tratamento (0,8); (1) respetivamente. Os agricultores menos intensivos também possuem este equipamento, mas em menor número do que os outros tipos de agricultores, com uma média de 0,8 charruas, 0,6 sachadores, 0,5 sulcadores e 0,6 pulverizadores. Durante a recolha de dados, todos os produtores mencionaram que não possuíam um semeador como parte do seu equipamento agrícola. No que diz respeito ao equipamento de transporte, todos os produtores não possuem tractores. No entanto, dispõem de transporte motorizado. Alguns agricultores não possuem triciclo, mas possuem, em média, uma mota de 0,5. Para além das motorizadas (1 e 0,6), os agricultores e criadores de gado mais motorizados dispõem também de triciclos (0,1 e 0,5), que utilizam para transportar os seus produtos.

Quadro 3: Equipamento agrícola.

Variável	*Agricultores*	*Agricultores*	*Criadores*
Equipamento agrícola			

Arado	$0,8 \pm 0,8$	$1,4 \pm 0,7$	$1,8 \pm 0,9$
Semeador	0	0	0
Semeador	$0,6 \pm 0,5$	$1 \pm 0,5$	$1 \pm 0,8$
Para-choques	$0,5 \pm 0,5$	$1,3 \pm 0,7$	1
Equipamento de tratamento	$0,6 \pm 0,6$	$0,8 \pm 0,5$	1
Material de transporte			
Trolley	0,4	1,3	1,5
Gôndola	0,1	0	0
Tractores	0	0	0
Triciclo	0	0,1	0,5
Motociclo	0,5	1	0,6
Bicicleta	2,3	4	2,3

b- Trabalhadores familiares e agrícolas

Em todas as explorações agrícolas, os trabalhadores são essenciais para o bom funcionamento das actividades agrícolas. Constituem a força de trabalho quotidiana das explorações. O número médio de trabalhadores nas explorações agrícolas é de (10,8 ± 6,2); (7,3 ± 4,4) e (8 ± 1,15), respetivamente para os criadores de gado, os agricultores e os criadores de gado. Também durante a produção, os gestores das explorações agrícolas recorrem a trabalhadores externos duas a três vezes por ano para ajudar na monda, na amontoa e/ou na colheita.

c- Produção agrícola

Os rendimentos da produção são conhecidos no final da época. Os produtores começam a colher em outubro e a colheita termina geralmente em dezembro. A figura 3 mostra os rendimentos obtidos em 2015 pela amostra inquirida. Como mostra o gráfico, os agro-pecuaristas e os criadores de gado são os produtores que registaram os maiores rendimentos de milho. Os rendimentos de todas as outras culturas foram satisfatórios e praticamente iguais para todos os produtores.

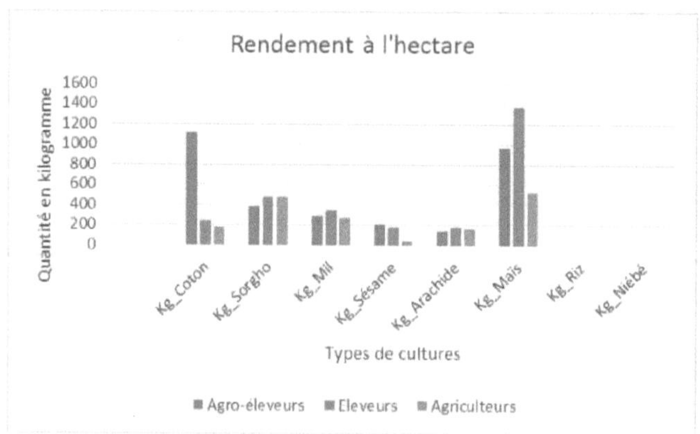

Figura 4: Rendimento da produção por hectare

No final da colheita, os produtos transportados destinam-se quer à venda quer ao autoconsumo (figura 4). No entanto, em caso de escassez, os produtos agrícolas são comprados.

De todos estes produtos, apenas o algodão é totalmente vendido no final da sua produção e as outras culturas são praticamente consumidas pelos agricultores e suas famílias. A figura seguinte mostra os percursos efectuados pelos produtos agrícolas, nomeadamente o algodão, o milho, o painço, o sésamo, a mapira e o amendoim.

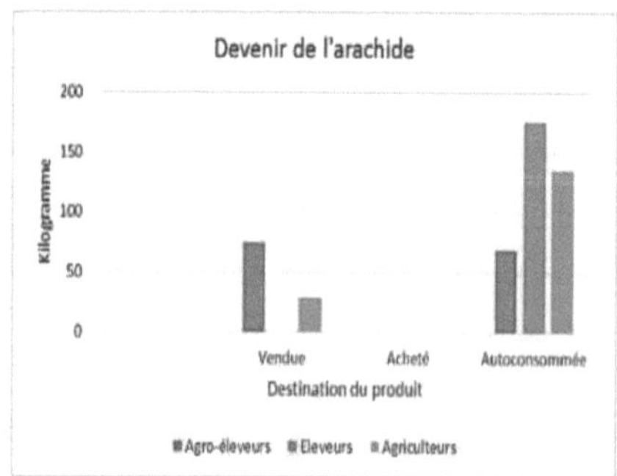

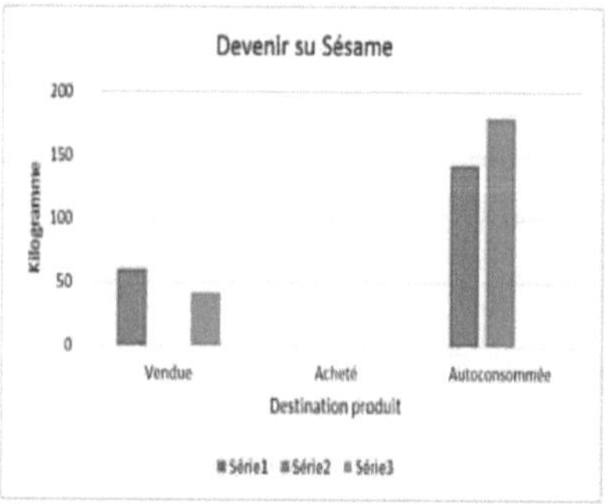

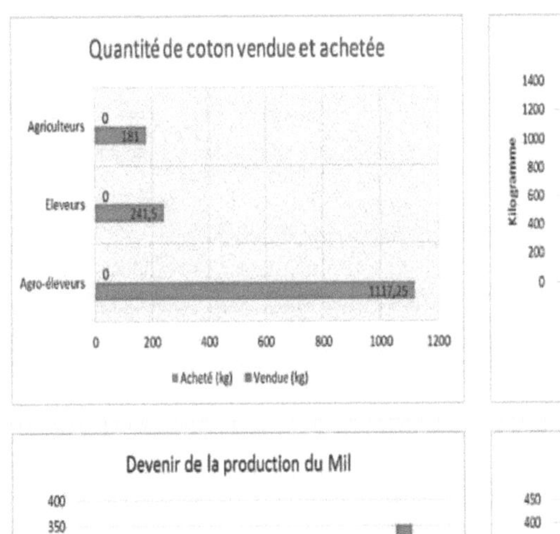

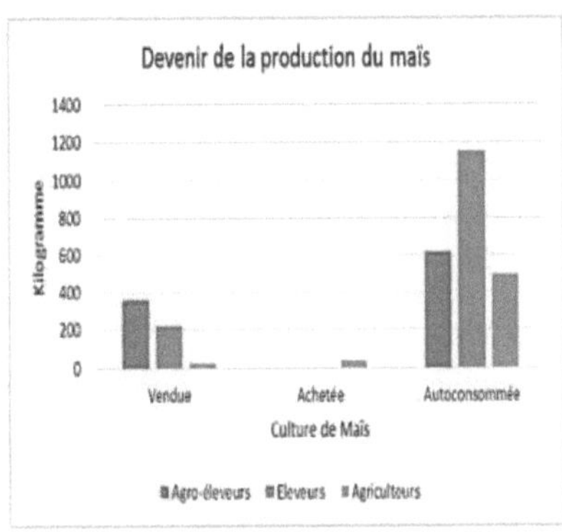

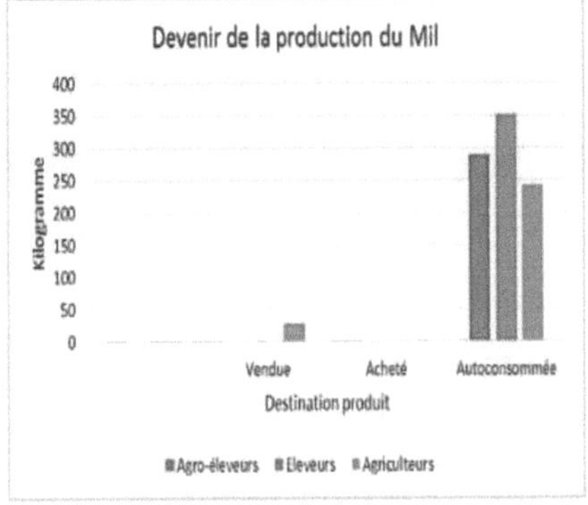

Figura 5: Destino dos diferentes produtos agrícolas

3- Resultados económicos da atividade agrícola: o caso do algodão e do milho Em todos os casos, os resultados económicos da atividade agrícola são promissores. No fim de contas, os produtos dos agricultores são praticamente autoconsumidos. É apenas a necessidade de dinheiro que obriga à venda de alguns produtos.

Quadro 4: Algodão

Variáveis	Despesas (FCFA)	Receitas (FCFA)	Balanço
Agricultores	32.150	156.150	Positivo
Agricultores	10.382,4	59.033,8	Positivo
Criadores	8.250	78.562,5	Positivo

Quadro 5: Milho

Variáveis	Despesas (FCFA)	Receitas (FCFA)	Balanço
Agricultores	8.937,5	51.250	Positivo
Agricultores	7.647,1	4.411,8	Positivo
Criadores	15.000	27.500	Positivo

A- *Estudo das práticas de gestão da biomassa*

1- *O sistema de cultivo*

a- *Rotação das culturas*

Todos os produtores da amostra inquirida têm uma média de três campos. Alguns praticam a rotação de culturas e outros o pousio por períodos curtos (2 anos). Em cada parcela, há uma sucessão de culturas cuja utilização do solo muda de um ano para o outro (rotação). Para todos os produtores, as culturas semeadas são praticamente as mesmas. Os criadores de gado e os agro-pastores são os que mais investem na produção de milho, painço e sorgo. Os agricultores estão limitados a áreas de dimensão média, mas também produzem as mesmas culturas. Para além destas culturas principais, os produtores cultivam gergelim, arroz, feijão-frade e amendoim em pequenas áreas. A amostra exclui a utilização de fertilizantes minerais e todos recorrem à produção de estrume orgânico para melhorar a fertilidade do solo, embora em doses muito diferentes. Produzem estrume orgânico através de fossas de estrume, composto em pilha e composto em fossa.

b- *Itinerários técnicos e gestão da fertilidade das culturas do algodão e do milho*

Para obter um bom rendimento no final da colheita, há certos princípios de produção que devem ser respeitados. O milho e o algodão figuram entre as culturas mais semeadas pela amostra inquirida.

- **Algodão**

Na zona sudoeste do Burkina Faso, os inquéritos à amostra indicam que o trabalho agrícola começa em março e termina após a colheita, entre novembro e dezembro. As sementes de algodão são fornecidas pela estrutura da UNPCB. Os produtores começam por esvaziar o estrume orgânico e depois espalham-no coletivamente entre março e maio. Os criadores são os produtores que contribuem com a maior quantidade de estrume orgânico por hectare, com uma média de 3125 kg **(Figura 5).**

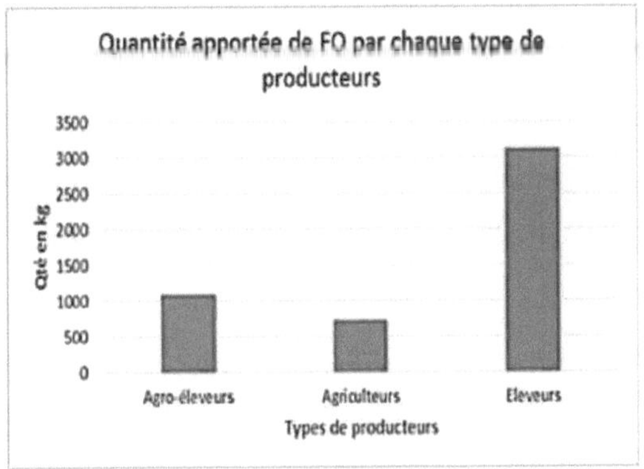

Figura 6: Quantidade de estrume orgânico aplicado às culturas de algodão

Os agricultores contribuem com uma média de 1093,75 kg e os agricultores com 712,744 kg. Após o espalhamento, o solo é trabalhado por lavoura ou amontoa. Os agricultores recorrem depois à monda e à amontoa. **A figura 6** mostra como cada tipo de agricultor mantém as suas culturas de algodão e de milho.

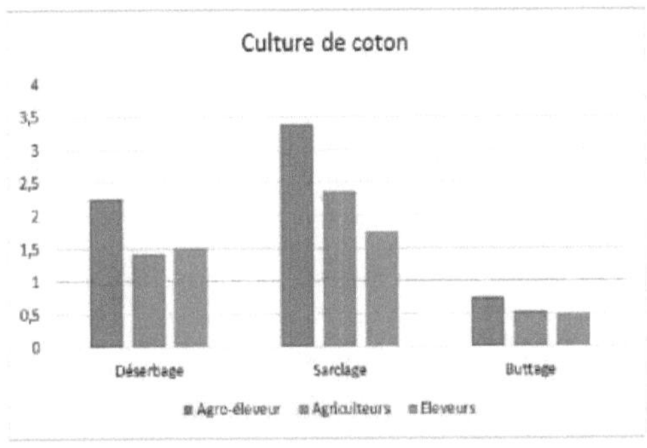

Figura 7: Proporção de diferentes acções realizadas nos campos de algodão

Os agricultores são os que fazem mais passes para a manutenção das culturas (monda, sacha, amontoa), seguidos pelos criadores de gado e depois pelos agricultores.

Para a monda, os números médios são 2,25, 1,5 e 1,41 respetivamente para os agro-pecuaristas, criadores de gado e agricultores. Os agro-pastores mondaram as culturas de algodão uma média de 3,37 vezes, os agricultores uma média de 2,35 vezes e os pastores cerca de 1,75 vezes. A sacha é efectuada uma vez por ano por todos os tipos de produtores.

- Milho

O itinerário técnico da cultura do milho não é diferente do do algodão. As fases e os períodos de produção são semelhantes. Os períodos de esvaziamento e de espalhamento são praticamente os mesmos. No entanto, existem algumas diferenças em cada secção. As figuras 6 e 7 abaixo mostram as quantidades de adubo orgânico aplicadas no campo de milho e as acções realizadas na cultura.

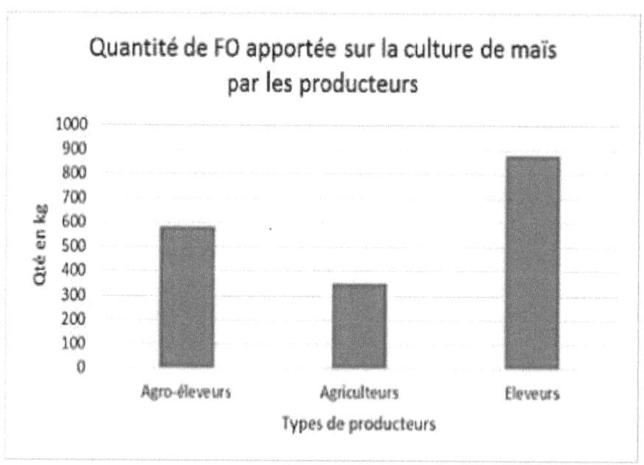

Figura 8: Quantidade de adubo orgânico aplicado às culturas de milho

A figura abaixo mostra que os agricultores optimizam a utilização de estrume orgânico nas suas terras agrícolas.

A quantidade média de estrume aplicado nos campos de milho pelos criadores de gado é de 875 kg. As dos agro-pastores e dos agricultores foram de 583,33 kg e

348,28 kg, respetivamente. A figura abaixo explica as acções tomadas pelas várias explorações agrícolas durante a produção de milho (Figura 9).

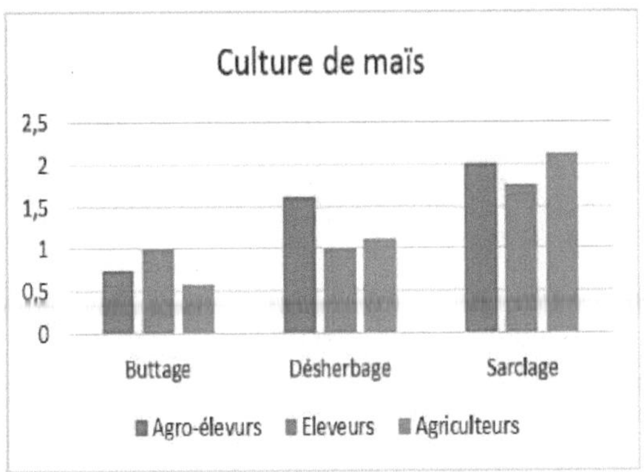

Figura 9: Proporção de diferentes acções realizadas em campos de milho

c- Práticas de gestão da biomassa

Para estudar o padrão de utilização dos resíduos de culturas, foi efectuado um teste de análise de componentes principais (ACP) (Figura 8). A análise de componentes principais foi expressa em dois eixos que explicaram 62,19% da variabilidade total observada. 33,07% no eixo das abcissas e 29,12% no eixo das ordenadas.

Este texto permite-nos compreender o papel desempenhado principalmente pelos diferentes tipos de resíduos de culturas em função da especulação. O eixo 1, que explicou 33,07% da variabilidade total, foi definido por duas variáveis, o VP da UP (kg) e a forragem (kg).

Estes parâmetros foram negativamente correlacionados com o eixo (Figura 8b). Em contrapartida, os resíduos foram marcados pelo VP exterior e queimado. O eixo dois, que representa 29,12% da variabilidade total, foi definido por duas variáveis: os resíduos utilizados para produzir adubo orgânico, que se correlacionaram negativamente, e os resíduos deixados no local, que se correlacionaram positivamente.

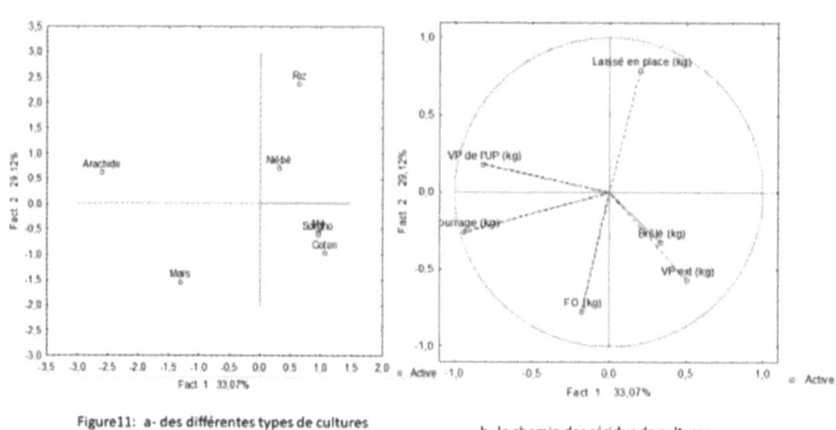

Figure11: a- des différentes types de cultures

b- le chemin des résidus de cultures

a- Práticas de gestão da biomassa

Após a colheita, a gestão dos resíduos das culturas é muito importante para a estação seguinte. Os agricultores utilizam os resíduos para alimentar os animais ou produzir adubo orgânico (Figura 9). No entanto, alguns dos resíduos são deixados nos campos para serem usados para pastagem, enquanto outros são armazenados para distribuição durante o período de fome (estação seca). A Figura 9 acima mostra as diferentes formas de gerir os resíduos de diferentes culturas. Enquanto o algodão, o amendoim, a mapira e o painço são utilizados principalmente para pastoreio ou queima e, em menor grau, para a produção de estrume orgânico (compostagem), as palhas de cereais (especialmente o milho) são utilizadas principalmente para a produção de estrume orgânico (palha grossa ou cama) e para a alimentação animal, principalmente por agro-pastores e criadores de gado que têm maiores necessidades para os seus rebanhos. Os topos de leguminosas são inteiramente utilizados para a alimentação animal. A figura abaixo mostra a quantidade média de resíduos fornecidos por cada tipo de exploração. Mostra em pormenor a carga de trabalho ou a motivação das explorações na gestão da biomassa. Em cada gráfico, os criadores de gado e os agricultores armazenaram mais resíduos, exceto no caso do milho, em que os

20

agricultores armazenaram mais resíduos de milho.

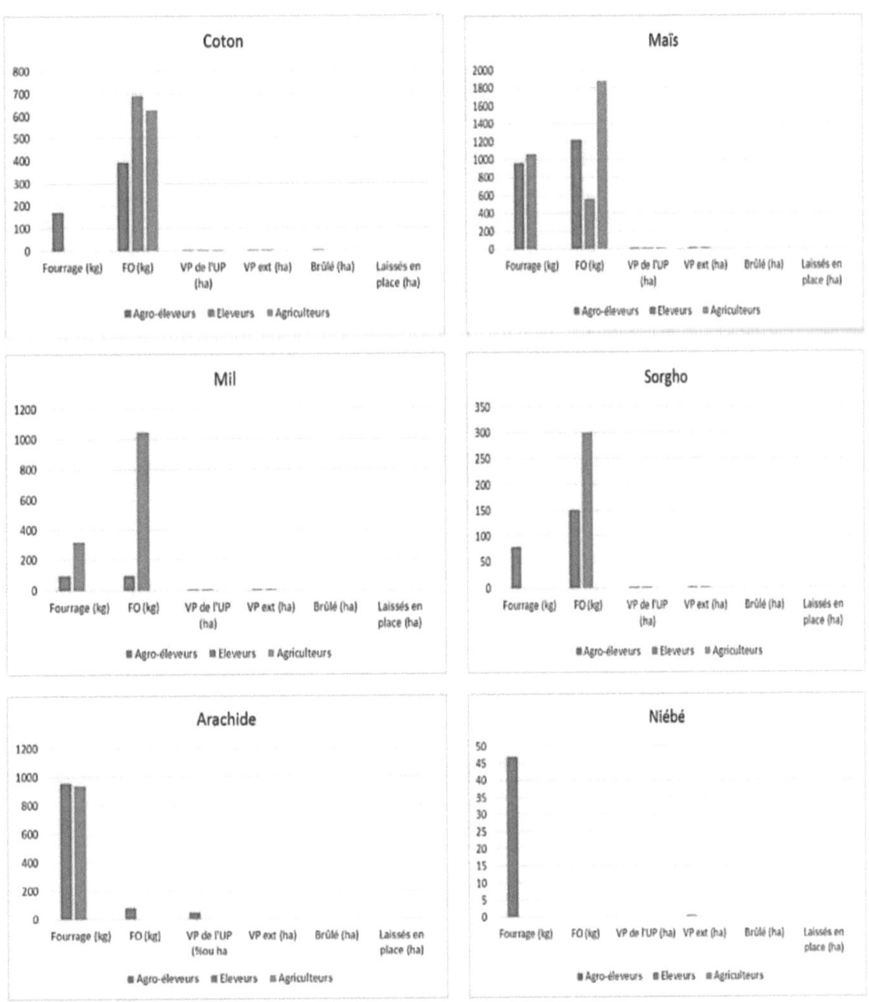

Figura 11: Gestão agrícola dos resíduos de culturas

d- Práticas de produção de estrume orgânico

Os produtores da província de Ioba caracterizam-se pela produção de estrume de fossa e de composto em escombreiras. Para todos os tipos de agricultores, o estrume orgânico é produzido na parcela ou, para alguns, no campo. Começam por criar uma fossa, que pode ser um simples buraco ou construída com materiais como cimento, pedras e areia. Começam por encher as fossas com palha de cereais, estrume de animais, resíduos domésticos, cinzas, etc. A produção de outros tipos de estrume é muito limitada. A idade média das fossas instaladas pelos agro-pastores é de 8 anos, 11 anos para os criadores de gado e 7,5 anos para os agricultores.

A produção de composto em escombreiras é muito recente. Os produtores receberam formação do UNPCB em 2016 e apenas um punhado de produtores produziu efetivamente composto. O composto em pilha é uma produção recente de adubo orgânico, pelo que a atividade de esvaziamento ainda não foi realizada. As fossas são regadas a todo o momento com água da rede doméstica durante todo o período. Os criadores de gado da amostra são os que produzem mais estrume orgânico, com uma média de 4.618,75 kg. Os agro-pastores vêm em segundo lugar com uma quantidade média de 3593,75 kg, enquanto os agricultores menos intensivos produzem a quantidade mais baixa, estimada numa média de 1856,36 kg (Figura 10).

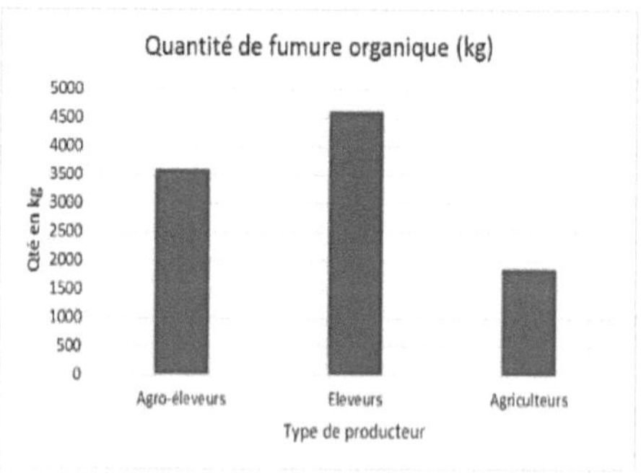

Figura 12: Quantidade média de estrume orgânico produzido

2- *Sistema de criação*

a- Características dos sistemas de produção animal nas explorações inquiridas

As práticas de criação de gado de cada amostra inquirida são caracterizadas pela composição do efetivo de cada tipo de produtor e pelo movimento dentro do efetivo. Distinguimos entre a produção de bovinos, burros, pequenos ruminantes, suínos e aves de capoeira (Quadro 6).

Quadro 6: Movimentos de efectivos em diferentes explorações

Variáveis	UBT	BdC (%)	Bovinos (%)	Pequenos ruminantes (%)	Burro (%)	Carne de porco (%)	Aves de capoeira (%)
Agricultores	5,4	8,8	4,3	43,8	0,1	5,5	37,5
Agricultores	22,2	3,9	16,9	34,5	1,3	5	38,4
Criadores	27	3,2	22,9	41,8	2,2	2,7	27,1

Os bois de tração são usados para o arreio e os burros são usados para o transporte de insumos agrícolas, culturas, resíduos de colheita e alimentos para animais. Estes animais desempenham papéis importantes nas explorações agrícolas. No que diz respeito aos inputs e outputs, esta linha de operação corresponde principalmente aos pequenos ruminantes. Os animais como os grandes ruminantes são herdados do chefe de família falecido. No entanto, são vendidos para serem substituídos quando são considerados velhos e já não têm a capacidade necessária para fornecer o trabalho exigido.

Quadro 7: Movimentos de efectivos nas explorações

Variável	Agricultores			Criadores			Agricultores		
	Nais (nb)	Venda (nb)	Comprar (nb)	Nais (nb)	Venda (nb)	Comprar (nb)	Nais (nb)	Venda (nb)	Comprar (nb)
BdT	0	0	0	0	0,25	0	0	0	0
Gado	2,37	0	0	5,75	0	0	0,41	0	0
éle									

Burro	0,5	0	0	0,75	0	0,25	0	0	0.11
Cabras	5,37	1,25	0	4	1	0	4	0,05	2,05
Ovinos	6,25	0,625	0,75	6	0,75	0	1,58	0	0,17
Porcos	1,62	0,12	1,37	2.5	0,25	0	0,64	0,58	0,35
Aves de capoeira	5,25	14,62	0	6,25	26	0	3,70	5,70	1,58

b- Animais de pasto

O tempo que os animais passam a pastar depende dos diferentes períodos e da disponibilidade de forragem. Durante a estação seca e fria, o tempo de pastoreio é mais longo, porque após a época das colheitas há uma grande disponibilidade de forragem, permitindo aos animais pastar melhor.

No entanto, na estação quente, a falta de alimentos limita o tempo de pastagem dos animais. O tempo de pastagem é curto e os animais são alimentados a partir de reservas mantidas para a época de escassez. Nos meses de inverno, o tempo de pastagem também é limitado.

Os agricultores estão ocupados com o trabalho nos campos e alguns animais são utilizados para a lavoura (BdT), por um lado, e para evitar danos nas explorações agrícolas, por outro. Durante este período, os animais podem causar danos às culturas de outras pessoas, o que dá origem a conflitos entre agricultores. Em função das condições climatéricas, os animais têm todos o mesmo tempo de pastagem.

Os animais são colocados em cercados ou em estacas ao mesmo tempo para cada tipo de produtor, e a diferença pode ser vista na comparação entre agro-pastoris, criadores de gado e agricultores. **(Figura 11). A** figura mostra que, seja qual for o período, os agro-pastores e criadores de gado deixam seus animais pastarem por muito tempo. Quanto aos agricultores, notamos que eles são mais modestos nessas práticas.

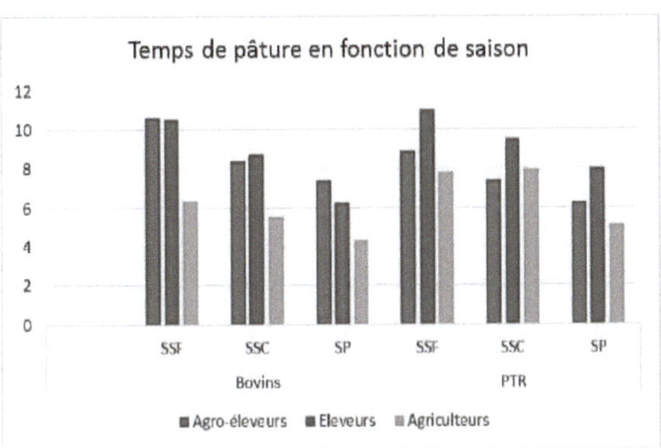

Figura 13: Diferentes períodos de pastagem para os animais de cada tipo de produtor, consoante as três estações do ano.

c- Gestão da alimentação animal

Os produtores da província do Loba recolhem quantidades de forragem de acordo com a área cultivada com este produto e o número de cabeças de gado disponíveis. As forragens mais apreciadas pelos animais são o restolho de amendoim, a palha de milho e a palha de arroz. Os outros tipos de forragens (sorgo, painço, feijão-frade, etc.) são resíduos de culturas que são deixados em grandes quantidades para os animais pastarem durante a estação fria e seca. Os agricultores e criadores, que possuem grandes efectivos de animais, conservam grandes quantidades de forragens. No entanto, eles são praticamente iguais em termos da quantidade de palha de amendoim armazenada. (Figura 12).

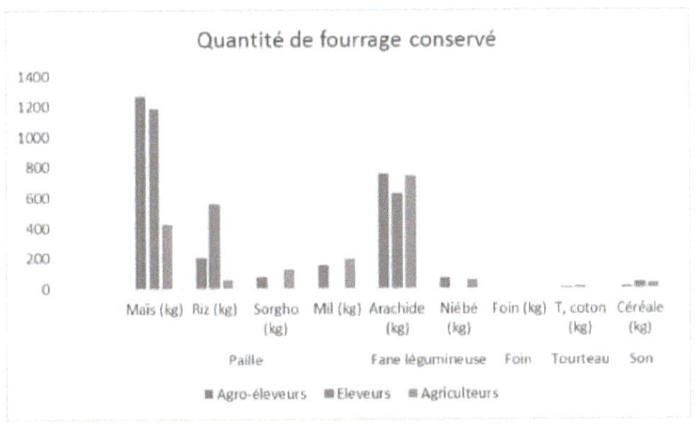

Figura 14: Quantidade de forragem armazenada

Os vários tipos de forragem armazenada são distribuídos aos animais durante as estações seca e quente. Durante este período, a forragem é escassa e os animais deambulam pelas concessões para assinalar a sua presença ao proprietário, ao mesmo tempo que precisam de se alimentar das reservas de forragem armazenadas no alto dos barracões. Os criadores de gado e os agro-criadores armazenaram grandes quantidades de 2422,8 kg e 2548,1 kg, respetivamente.

Quadro 8: Título

Variáveis	Agricultores	Agricultores	Criadores
Quantidade armazenada (kg)	2548,1	1637,5	2422,8
Forragem UBT$^{(k}$ g)	127,1	481	100,4
Alimento UBT (kg)	11,3	21,9	11

A média de forragem distribuída pelos produtores da amostra foi de 121,1 kg de CN para os agro-pastores, 100,4 kg de CN para os criadores de gado e 481 kg de CN para os agricultores. Os alimentos UBT são os consumidos pelos animais. Foi obtida tomando a diferença entre a quantidade total de forragem e a forragem UBT.

d- Despesas com o sistema de reprodução

As despesas de produção animal na amostra inquirida limitam-se aos cuidados veterinários e a algumas compras de animais (quadro). Em termos de alimentação, os animais são alimentados com forragens conservadas e não são comprados alimentos comerciais.

Variáveis	Agricultores	Agricultores	Criadores

Cuidados veterinários dos animais (montante) UBT	1761,4	6912,1	1652,8
Compra de animais (montante) CN	721,2	7848,5	1070,9

No final de cada trimestre, são visitados pelo veterinário e os preços são fixados em função do tipo de animal. Os animais são vacinados ou desparasitados (desparasitação interna).

III- *Debate*

Este estudo mostra que os agricultores da amostra estão a avançar gradualmente para a intensificação ecológica. Todas as práticas ligadas à utilização de insumos químicos estão a ser esquecidas pelos agricultores da zona. Em função dos seus objectivos individuais, cada agricultor tem a sua própria forma de gerir os resíduos das culturas após a colheita.

O trabalho de recolha e análise de dados efectuado nestas explorações melhorou significativamente o nosso conhecimento das práticas de gestão da biomassa e da sustentabilidade das explorações mistas de culturas e pecuária no sudoeste do Burkina Faso. O estudo identificou também certas limitações metodológicas relativas à produção de estrume orgânico. No entanto, oferece algumas perspectivas encorajadoras para melhorar a ferramenta de análise desenvolvida e para uma melhor utilização dos resultados.

A diversidade das explorações agro-pastoris envolvidas na agricultura biológica

Numa primeira fase, caracterizámos as explorações mistas de agricultura e pecuária através de um estudo tipológico e descrevemos as práticas de gestão da biomassa com 29 gestores de explorações. Esta fase envolveu análises estatísticas, inquéritos de imersão e trabalhos de síntese. Os diferentes tipos de explorações inquiridas revelaram a existência de três tipos de produtores, distintos em termos de estrutura e de sistemas de produção. Estes três tipos de explorações diferem, nomeadamente, em termos de efectivos e de superfície agrícola (superfície total cultivada). Assim, as componentes de um efetivo e de uma terra de cultivo são a principal fonte de determinação dos tipos de exploração (Stéphanie, 2012). Estes inquéritos mostraram que os produtores que intensificam mais têm um rendimento elevado por hectare. Comparamos estas informações com as de (Vall *et al.,* 2016; Blanchard *et al.* no prelo), cujos estudos sobre o projeto de pecuária familiar e a via de intensificação, respetivamente, mostraram que os agricultores que mais intensificaram em termos de capital e de factores de produção beneficiaram de uma melhor produtividade do solo, o que se traduziu em rendimentos mais elevados. Em termos de fertilidade do solo, os agricultores que mais se diversificaram em culturas de rendimento tinham parcelas mais férteis.

Estudo das práticas de gestão da biomassa nas explorações agrícolas biológicas
Os tipos de agricultores são caracterizados em função das suas práticas de integração agrícola e pecuária e das suas práticas de gestão da biomassa nas suas explorações. Os agricultores da amostra inquirida têm um método de gestão da biomassa ou de produção de estrume orgânico semelhante ao modelo descrito na zona algodoeira do sul do Mali (Kanté, 2001; Blanchard 2013). Tal como no estudo de Tinguéri (2015), os agricultores encontram dificuldades no transporte do estrume orgânico para os seus campos. Trata-se de agricultores menos intensivos nas suas práticas, alguns dos quais estão inclinados a abandonar tudo em favor de outras opções. A saída do país para os países vizinhos em busca de uma vida melhor. Nalguns casos, os agricultores são menos intensivos devido às limitações do equipamento agrícola. Pedem apoio aos doadores.

CAPÍTULO 4

Conclusão

As explorações agrícolas do sudoeste do Burkina Faso estão a evoluir gradualmente para a intensificação ecológica. Todas as práticas relacionadas com a utilização de fertilizantes químicos estão a ser abandonadas. No entanto, certos grupos de produtores estão a encontrar dificuldades nas suas práticas de gestão da biomassa, o que limita a sua produção e enfraquece os seus métodos de gestão da biomassa. A inadequação do equipamento agrícola está na origem da incapacidade de otimizar a gestão da biomassa. É necessário adotar uma política que incentive os produtores a investir mais:

- ***Apoio aos produtores na aquisição de equipamento agrícola,***

- ***Comprar produtos biológicos aos produtores a um preço mais razoável, uma alternativa que os motivaria a investir mais tempo no seu trabalho.***

Este estudo deve, por conseguinte, ser prosseguido através dos seguintes aspectos:

- *Estudar o impacto dos resíduos nas culturas e no ambiente e o aspeto económico destas práticas e avaliar a eficiência produtiva das mesmas.*

CAPÍTULO 5

Referência

Bationo A., Kihara J., Vanlauwe B., 2007. Dinâmica, funções e gestão do carbono orgânico do solo nos agro-ecossistemas da África Ocidental. Agricultural Systems 94: 13-25p Blanchard M., Vayssieres J., Dugue P., Vall E., 2013. Conhecimento Técnico Local e Eficiência da Produção de Fertilizantes Orgânicos no Sul do Mali: Diversidade de Práticas. Agroecol. e Sustain. Food Syst. 37 (6): 672-699.

Blanchard M., Fayama T., Yanga H., Dabire D., Kouadio K.P., Sodre E., no prelo Characterisation of intensification paths on mixed crop-livestock farms in western Burkina Faso and northern Côte d'Ivoire. 10p

DP ASAP, 2015. Base de dados sobre 250 explorações agrícolas das zonas cotonianas do Burkina Faso, do Mali e da Costa do Marfim, Sous Access, INERA, CIRDES, IER, IDR, UPGC, CIRAD. Bobo Dioulasso (Burkina Faso)

FAO, 2014. Resíduos agrícolas e subprodutos agro-industriais na África Ocidental ROM Itália 74 p.

Griffon M. 2009. Pour des agricultures écologiquement intensives : des territoires à haute valeur environnementale et de nouvelles politiques agricoles. Côte d'Amor, França: Editions de l'Aube e Conseil général.HOp

Jouve P. 1992 Approche systémique des modes d'exploitation agricole du milieu. Texto extraído da obra colectiva "l'appui au producteurs : démarches, outils, domaines d'intervention" coordenada por M. Mercoiret CIRAD/SAR, publicada pelo Ministério francês da Cooperação e do Desenvolvimento. 37p

Tingueri L.B., 2015. Compreensão e caraterização das práticas de gestão do estrume orgânico não normalizadas no Burkina Faso ocidental: Avaliação da sustentabilidade dos sistemas de produção que as implementam. Dissertação DEA, IDR, Universidade Politécnica de Bobo-Dioulasso, 86 p.

Vall E, Chia E, Blanchard M, (2016) Partnership co-design of innovative farming systems. Cahiers Agricultures: (no prelo).

Printed by Books on Demand GmbH, Norderstedt / Germany